水利部黄河水利委员会

黄河防洪建设混凝土工程
预算定额

（试行）

黄河水利出版社

·郑州·

图书在版编目(CIP)数据

黄河防洪建设混凝土工程预算定额:试行／水利部黄河
水利委员会编. —郑州:黄河水利出版社,2011.4
ISBN 978 - 7 - 5509 - 0017 - 2

Ⅰ.①黄⋯　Ⅱ.①水⋯　Ⅲ.①黄河 – 防洪工程:混凝
土工程 – 建筑预算定额　Ⅳ.①TV882.1

中国版本图书馆 CIP 数据核字(2011)第 061608 号

出　版　社:黄河水利出版社
　　　　地址:河南省郑州市顺河路黄委会综合楼14层　　邮政编码:450003
发行单位:黄河水利出版社
　　　　发行部电话:0371 –66026940、66020550、66022620(传真)
　　　　E- mail: hhslcbs@126. com
承印单位:河南地质彩色印刷厂
开本:850 mm×1168 mm　1/32
印张:1.125
字数:29 千字
印数:1—1 000
版次:2011 年 4 月第 1 版
印次:2011 年 4 月第 1 次印刷

定价:30.00 元

水利部黄河水利委员会文件

黄建管[2011]8 号

关于发布《黄河防洪建设混凝土工程预算定额》(试行)和《黄河防洪建设机电设备安装工程预算定额》(试行)的通知

委属有关单位、机关有关部门:

为了适应黄河水利工程造价管理工作的需要,合理确定和有效控制黄河防洪工程基本建设投资,提高投资效益,根据国家和水利部的有关规定,结合黄河防洪工程建设实际,黄河水利委员会水利工程建设造价经济定额站组织编制了《黄河防洪建设混凝土工程预算定额》(试行)和《黄河防洪建设机电设备安装工程预算定额》(试行)(用单行本另行发布),现予以颁布。本定额自 2011 年 7 月 1 日起执行，原相应定额同时废止。

本定额与水利部颁布的《水利建筑工程预算定额》(2002)配套使用(采用本定额编制概算时，应乘以概算调整系数)，在执行过程中如有问题请及时函告黄河水利委员会水利工程建设造价经济定额站。

水利部黄河水利委员会

二〇一一年四月七日

主题词：工程预算　定额　黄河　通知

抄　送：水利部规划计划司、建设与管理司、水利水电规划设计总院、水利建设经济定额站。

黄河水利委员会办公室　　　2011 年 4 月 7 日印制

主 持 单 位　黄河水利委员会水利工程建设造价
　　　　　　经济定额站

主 编 单 位　黄河勘测规划设计有限公司

审　　　查　张柏山　杨明云

主　　　编　刘家俊　董崇民　宋玉红　刘　云

副 主 编　袁国芹　李永芳　闫　鹏　王艳洲

编写组成员　刘家俊　董崇民　宋玉红　刘　云

　　　　　　李永芳　袁国芹　王艳洲　闫　鹏

　　　　　　李海河　李建军　王　晖　韩红星

　　　　　　张　靖　杨恩文　徐新华　王惠芹

　　　　　　张　波　张　斌　王万民　韩　晶

　　　　　　李　冰　蔡文勇　杨芳芳　宋志宇

　　　　　　梁晓军

目　录

说　明

一、《黄河防洪建设混凝土工程预算定额》（以下简称本定额）分为涵洞、桥板、桥面铺装、盖梁、耳背墙、桥头搭板、预制混凝土闸门、预制安装混凝土梁、预制安装混凝土板、预制砌筑混凝土块、预制安装混凝土栏杆、钢管栏杆、支座安装、汽车起重机吊运混凝土、涵洞表面止水、聚硫密封胶填缝、混凝土表面环氧砂浆补强、伸缩缝、路缘石拆除、路面拆除、水闸监测设施等21节及附录。

二、本定额适用于黄河防洪工程，是根据黄河防洪工程建设实际，对水利部颁发的《水利建筑工程预算定额》（2002）的补充，是编制工程预算的依据和编制工程概算的基础，并可作为编制工程招标标底和投标报价的参考。

三、本定额不包括冬季、雨季和特殊地区气候影响施工的因素及增加的设施费用。

四、本定额按一日三班作业施工、每班八小时工作制拟定，采用一日一班或一日两班制的，定额不作调整。

五、本定额的"工作内容"仅扼要说明主要施工过程及工序，次要施工过程及工序和必要的辅助工作所需的人工、材料、机械也包括在定额内。

六、定额中人工、机械用量是指完成一个定额子目工作内容所需的全部人工和机械。包括基本工作、准备与结束、辅助生产、不可避免的中断、必要的休息、工程检查、交接班、班内工作干扰、夜间施工工效影响、常用工具和机械的维修、保养、加油、加水等全部工作。

七、定额中人工是指完成该定额子目工作内容所需的人工耗用量。包括基本用工和辅助用工，并按其所需技术等级分别列示出工长、高级工、中级工、初级工的工时及其合计数。

八、材料消耗定额（含其他材料费）是指完成一个定额子目工作内容所需的全部材料耗用量。

九、其他材料费是指完成一个定额子目工作内容所必需的未列量材料费。如工作面内的脚手架、排架、操作平台等的摊销费，地下工程的照明费，混凝土工程的养护用材料及其他用量较少的材料。

十、材料从分仓库或相当于分仓库材料堆放地至工作面的场内运输所需的人工、机械及费用，已包括在各定额子目中。

十一、机械台时定额（含其他机械费）是指完成一个定额子目工作内容所需的主要机械及次要辅助机械使用费。

十二、其他机械费是指完成一个定额子目工作内容所必需的次要机械使用费。

十三、本定额中其他材料费、零星材料费、其他机械费，均以费率形式表示，其计算基数如下：

1.其他材料费，以主要材料费之和为计算基数；

2.零星材料费，以人工费、机械费之和为计算基数；

3.其他机械费，以主要机械费之和为计算基数。

十四、混凝土定额的计量单位除注明者外，均为建筑物或构筑物的成品实体方。

十五、现浇混凝土中，不含模板的制作、安装、拆除、修整，模板的制作、安装、拆除、修整以及混凝土的拌制和运输，采用水利部颁发的《水利建筑工程预算定额》（2002）的相应子目。

十六、预制混凝土定额中的模板材料均按预算消耗量计算，包括制作（钢模为组装）、安装、拆除、维修的消耗、损耗，并考虑了周转和回收。

十七、材料定额中的"混凝土"一项，是指完成单位产品所需的混凝土半成品量，其中包括冲（凿）毛、干缩、施工损耗、运输损耗和接缝砂浆等的消耗量在内。混凝土半成品的单价，只计算配制混凝土所需的水泥、砂石骨料、水、掺合料及其外加剂等的用量及价格。各项材料的用量，应按试验资料计算；没有试验资料时，可采用水利部颁发的《水利建筑工程预算定额》（2002）附录中的混凝土材料配合表列示量。

十八、混凝土浇筑定额中，不包括加冰、骨料预冷、通水等温控所需的费用。

十九、混凝土浇筑的仓面清洗及养护用水，地下工程混凝土浇筑的施工照明用电，已分别计入浇筑定额的用水量及其他材料费中。

二十、预制混凝土构件吊（安）装定额，仅系吊（安）装过程中所需的人工、材料、机械使用量。制作和运输的费用，包括在预制混凝土构件的预算单价中，另按预制构件制作及运输定额计算。

二十一、水闸渗压及位移观测设施定额，测压管定额中按测压导管 10m、进水短管 1.3m 以内拟定，涵洞沉陷点定额中，按沉陷杆 10m 拟定，当设计要求与拟定定额不同时，可按实际调整。

1 涵 洞

适用范围：各种现浇涵洞。

工作内容：冲毛、清洗、浇筑、振捣、养护及工作面运输等。

单位：100m³

项 目	单位	顶板衬砌厚度（cm）			
		30	40	50	60
工　　长	工时	17.5	14.7	12.5	10.9
高 级 工	工时	29.2	24.5	20.8	18.1
中 级 工	工时	320.1	269.5	229.4	199.8
初 级 工	工时	215.4	181.3	154.3	134.4
合　　计	工时	582.2	490.0	417.0	363.2
混 凝 土	m³	103	103	103	103
水	m³	75	65	55	45
其他材料费	%	0.5	0.5	0.5	0.5
振 动 器 1.1kW	台时	50.98	43.26	35.60	28.00
风 水 枪	台时	36.43	27.52	21.39	17.99
其他机械费	%	10	10	10	10
混凝土拌制	m³	103	103	103	103
混凝土运输	m³	103	103	103	103
编　　号		40309	40310	40311	40312

2 桥 板

适用范围：水闸工作桥。
工作内容：清洗、浇筑、振捣、养护及工作面运输等。

单位：100m³

项 目	单位	数量
工　　长	工时	17.3
高 级 工	工时	57.6
中 级 工	工时	328.3
初 级 工	工时	172.8
合　　计	工时	576.0
混 凝 土	m³	103
水	m³	150
其他材料费	%	2
振 动 器 1.1kW	台时	39.13
其他机械费	%	20
混凝土拌制	m³	103
混凝土运输	m³	103
编　　号		40313

3 桥面铺装

适用范围：桥梁。

工作内容：水泥混凝土：混凝土配料、拌和、运输、浇筑、振捣
及养护等。

沥青混凝土：沥青及骨料加热、配料、拌和、运输、
摊铺碾压等。

单位：100m³

项 目	单位	水泥混凝土	沥青混凝土
工 长	工时	42.2	18.6
高 级 工	工时		
中 级 工	工时	521.0	229.5
初 级 工	工时	844.8	372.3
合 计	工时	1408.0	620.4
混 凝 土	m³	103	
水 泥	t		0.141
石 油 沥 青	t		12.37
砂	m³		47.56
矿 粉	t		12.97
石 屑	m³		26.36
路面用碎石	m³		73.01
水	m³	150	
其他材料费	%	1	3
轮胎装载机 1.0m³以内	台时		9.60
内燃压路机 6~8t	台时		10.88
内燃压路机 10~12t	台时		10.24
搅 拌 机 0.4m³	台时	16.64	
振 动 器 平板式2.2kW	台时	35.56	
混凝土切缝机	台时	53.76	

项 目	单位	水泥混凝土	沥青混凝土
沥青混凝土搅拌机 0.15m³	台时		43.75
机动翻斗车 1t	台时	54.40	54.40
其他机械费	%	2	2
编 号		40314	40315

注：垫层混凝土套用部颁相关定额。

4 盖 梁

适用范围：桥梁。

工作内容：冲毛、清洗、浇筑、振捣、养护及工作面运输等。

单位：100m³

项 目	单位	数量
工 长	工时	26.4
高 级 工	工时	88.0
中 级 工	工时	501.6
初 级 工	工时	264.0
合 计	工时	880.0
混 凝 土	m³	103
水	m³	120
其他材料费	%	2
振 动 器 1.1kW	台时	35.60
风 水 枪	台时	7.44
其他机械费	%	10
混凝土拌制	m³	103
混凝土运输	m³	103
编 号		40316

5 耳背墙

适用范围：桥梁。

工作内容：冲毛、清洗、浇筑、振捣、养护及工作面运输等。

单位：100m³

项　　目	单位	数量
工　　长	工时	33.1
高　级　工	工时	110.4
中　级　工	工时	629.3
初　级　工	工时	331.2
合　　计	工时	1104.0
混　凝　土	m³	103
水	m³	120
其他材料费	%	2
振　动　器　1.1kW	台时	35.60
风　水　枪	台时	7.44
其他机械费	%	10
混凝土拌制	m³	103
混凝土运输	m³	103
编　　号		40317

6 桥头搭板

适用范围：桥梁。

工作内容：清洗、浇筑、振捣、养护及工作面运输等。

单位：100m³

项　　　目	单位	数量
工　　　长	工时	24.4
高　级　工	工时	81.4
中　级　工	工时	464.2
初　级　工	工时	244.3
合　　　计	工时	814.3
混　凝　土	m³	103
水	m³	120
其他材料费	%	2
振　动　器　1.1kW	台时	44.50
其他机械费	%	10
混凝土拌制	m³	103
混凝土运输	m³	103
编　　　号		40318

注：本定额也适用于桥头搭板与枕梁结构的枕梁。

7 预制混凝土闸门

适用范围：水闸。

工作内容：模板的制作、安装、拆除、修理，混凝土拌制、场内
运输、浇筑、养护。

单位：100m³

项 目		单位	平板式			梁板式
			每扇闸门的体积（m³）			
			≤2	2~4	>4	
工 长		工时	84.2	75.1	66.1	113.4
高 级 工		工时	273.6	244.0	214.8	368.4
中 级 工		工时	1052.4	938.6	826.2	1417.0
初 级 工		工时	694.6	619.5	545.3	935.2
合 计		工时	2104.8	1877.2	1652.4	2834.0
锯 材		m³				2.36
钢 模 板		kg	613.33	599.05	591.90	626.12
型 钢		kg	288.62	281.90	278.54	294.32
卡 扣 件		kg	386.55	377.55	373.05	394.49
铁 件		kg	1750.00	1725.00	1700.00	2400.00
电 焊 条		kg	21.60	20.88	20.03	29.32
混 凝 土		m³	102	102	102	102
水		m³	270	270	270	270
其他材料费		%	2	2	2	2
汽车起重机	5t	台时	20.00	20.00	20.00	20.00
振 动 器	插入式2.2kW	台时	46.00	42.00	40.00	60.80
载 重 汽 车	5t	台时	1.44	1.44	1.44	1.44
电 焊 机	25kVA	台时	24.47	24.10	23.84	33.53
其他机械费		%	15	15	15	15
混凝土拌制		m³	102	102	102	102
混凝土运输		m³	102	102	102	102
编 号			40319	40320	40321	40322

8 预制安装混凝土梁

适用范围：水闸桥梁。

工作内容：预制：模板制作、安装、拆除、修理，混凝土拌制、
场内运输、浇筑、养护、堆放。

安装：构件吊装、校正、固定、焊接，水泥砂浆拌制、
运输、灌缝。

单位：100m³

项 目	单位	预 制		安装
		T形梁	矩形梁	
工 长	工时	107.2	75.0	18.2
高 级 工	工时	348.4	243.9	200.6
中 级 工	工时	1340.0	938.0	389.2
初 级 工	工时	884.4	619.1	
合 计	工时	2680.0	1876.0	608.0
水 泥 砂 浆	m³			0.2
锯 材	m³	0.53	0.18	0.06
钢 模 板	kg	1000.00	700.00	
钢 筋	kg	20.00	14.00	
型 钢	kg			150.00
钢 板	kg	290.00	203.00	340.00
铁 件	kg	132.00	46.20	
电 焊 条	kg	43.00	15.00	151.00
混 凝 土	m³	102	102	
水	m³	180	180	
其他材料费	%	2	2	2
混凝土搅拌机 0.4m³	台时	21.76	21.76	
振 动 器 1.1kW	台时	48.60	44.00	
载 重 汽 车 5t	台时	1.42	1.42	
汽车起重机 10t	台时	20.00	20.00	
25t	台时			45.44
胶 轮 车	台时	92.80	92.80	
电 焊 机 25kVA	台时	66.56	23.30	41.60
其他机械费	%	15	15	1
编 号		40323	40324	40325

9 预制安装混凝土板

适用范围：水闸桥梁。

工作内容：预制：模板制作、安装、拆除、修理，混凝土拌制、
场内运输、浇筑、养护、堆放。

安装：构件吊装、校正、固定。

单位：100m³

项 目	单位	预制		安装	
		矩形板	空心板	矩形板	空心板
工 长	工时	83.2	112.3	20.5	16.9
高 级 工	工时	270.4	365.0	66.5	54.9
中 级 工	工时	1040.0	1404.0	256.0	211.2
初 级 工	工时	686.4	926.7	169.0	139.4
合 计	工时	2080.0	2808.0	512.0	422.4
锯 材	m³	0.37	0.57		
组合钢模板	kg	150.00	190.00		
钢 板	kg		150.00		
型 钢	kg	120.00	110.00		
铁 钉	kg		4.00		
铁 件	kg	54.00	102.00		
混 凝 土	m³	102	102		
水	m³	180	180		
油 毛 毡	m²			198.00	
其他材料费	%	2	2		
混凝土搅拌机 0.4m³	台时	21.76	21.76		
振 动 器 平板式 2.2kW	台时	24.00	24.00		
载 重 汽 车 5t	台时	0.62	0.62		
汽车起重机 8t	台时			71.04	
20t	台时				41.47
胶 轮 车	台时	92.80	92.80		
其他机械费	%	15	15		
编 号		40326	40327	40328	40329

注：现浇企口混凝土及插缝砂浆套用桥面铺装定额。

10 预制砌筑混凝土块

适用范围：护坡、护底。

工作内容：预制：模板制作、安装、拆除、修理，混凝土拌制、

场内运输、浇筑、养护、堆放。

浆砌：冲洗、拌浆、场内运输、砌筑、勾缝。

单位：100m³

项 目	单位	预制混凝土块	浆砌预制块		
			护坡		护底
			平面	曲面	
工 长	工时	64.1	13.5	15.3	11.9
高 级 工	工时	208.4			
中 级 工	工时	801.7	258.9	294.4	228.4
初 级 工	工时	529.1	399.6	454.5	352.6
合 计	工时	1603.3	672.0	764.2	592.9
组合钢模板	kg	74.16			
铁 件	kg	13.99			
混 凝 土	m³	102			
混凝土预制块	m³		（92）	（92）	（92）
水 泥 砂 浆	m³		16.00	16.00	16.00
水	m³	240			
其他材料费	%	1	0.5	0.5	0.5
混凝土搅拌机 0.4m³	台时	18.36			
砂浆搅拌机	台时		2.88	2.88	2.88
振 动 器 1.1kW	台时	44.00			
载 重 汽 车 5t	台时	1.00			
胶 轮 车	台时	92.80	121.47	121.47	121.47
其他机械费	%	7			
编 号		40330	40331	40332	40333

注：用于排水的无砂混凝土块，其配合比参考附录。

11 预制安装混凝土栏杆

适用范围：桥梁。

工作内容：预制：模板制作、安装、拆除、修理，混凝土拌制、
场内运输、浇筑、养护、堆放。

安装：构件整修、人工安装就位，砂浆或混凝土拌制、
运输、灌缝等。

单位：100m³

项　　　目	单位	预制	安装
工　　　长	工时	208.9	30.7
高　级　工	工时	678.9	
中　级　工	工时	2611.2	583.7
初　级　工	工时	1723.4	921.6
合　　　计	工时	5222.4	1536.0
锯　　　材	m³	0.85	
组合钢模板	kg	1300.00	
型　　　钢	kg	140.00	
铁　　　件	kg	479.00	
混凝土构件	m³		（101）
水　泥砂浆	m³		9.20
油　毛　毡	m²		240.00
石　油沥青	t		1.80
煤	t		1.60
混　凝　土	m³	102	
水	m³	160	
其他材料费	%	2	0.5
混凝土搅拌机　0.4m³	台时	18.36	
振　动　器　1.1kW	台时	44.00	
载重汽车　5t	台时	1.04	
胶　轮　车	台时	92.80	
其他机械费	%	7	
编　　　号		40334	40335

12 钢管栏杆

适用范围：桥梁。

工作内容：钢管及钢板的切割，钢管挖眼、调直、安装、焊接、
校正、固定、油漆；混凝土拌制、运输、浇筑、捣脚、
养护。

单位：1t

项　　　目	单位	数量
工　　　长	工时	28.1
高　级　工	工时	78.6
中　级　工	工时	98.3
初　级　工	工时	75.8
合　　　计	工时	280.8
水泥混凝土	m³	0.06
钢　　　管	t	1.04
钢　　　板	kg	4.00
电　焊　条	kg	3.20
油　　　漆	kg	12.67
其他材料费	%	0.5
电　焊　机　25kVA	台时	2.24
其他机械费	%	5
编　　　号		40336

13 支座安装

适用范围：桥梁。

工作内容：砂浆拌制、接触面抹平、支座安装。

单位：1dm³

项　　目	单位	板式橡胶支座	四氟板式橡胶支座
工　　长	工时	0.1	0.1
高　级　工	工时	0.5	0.5
中　级　工	工时	0.5	0.5
初　级　工	工时	0.5	0.5
合　　计	工时	1.6	1.6
钢　　筋	kg		1.00
钢　　板	kg		11.00
电　焊　条	kg		0.10
四氟板式橡胶支座	dm³		1.00
板式橡胶支座	dm³	1.00	
其他材料费	%	1	1
电　焊　机　25kVA	台时		0.13
其他机械费	%		5
编　　号		40337	40338

14 汽车起重机吊运混凝土

工作内容：指挥、挂脱吊钩、吊运、卸料入仓或贮料斗，吊回混凝土罐、清洗。

单位：100m³

项 目	单位	吊运高度（m）	
		≤10	>10
工 长	工时		
高 级 工	工时		
中 级 工	工时	29.0	36.3
初 级 工	工时	14.5	18.1
合 计	工时	43.5	54.4
零星材料费	%	10	10
汽车起重机 10t	台时	6.70	8.38
混凝土吊罐 1m³	台时	6.70	8.38
编 号		40339	40340

15 涵洞表面止水

工作内容：裁剪、铺展、混凝土面烘干、固定等。

单位：100m

项　目	单位	桥型橡皮	平板橡皮
工　长	工时	9.7	46.3
高级工	工时	68.6	301.8
中级工	工时	58.8	287.5
初级工	工时	58.8	290.7
合　计	工时	195.9	926.3
橡胶止水带	m	105	105
锯　材	m³		0.3
镀锌螺母 M16	个	2020	
预埋螺栓 Φ16×330	个	1010	
槽　钢 [8	kg	1460.00	
扁　钢 -47×5	kg	336.00	
环氧树脂	kg		65.92
甲　苯	kg		9.95
二丁酯	kg		9.95
乙二胺	kg		5.84
沥　青	kg		136.00
水	m³		37.00
水　泥	t		0.309
砂	m³		1.01
麻　絮	kg		92.00
铅　丝	kg		59.2
其他材料费	%	1	1
编　号		40341	40342

16 聚硫密封胶填缝

工作内容：缝面清理、吹扫、烘干、拌料、填料、整平。

单位：1m³

项　　目	单位	数量
工　　长	工时	67.7
高　级　工	工时	474.0
中　级　工	工时	401.3
初　级　工	工时	401.3
合　　计	工时	1344.3
聚硫密封胶	kg	1650
灌　注　器	只	1.00
清　洗　剂	kg	16.67
铁　　钉	kg	16.67
其他材料费	%	1
胶　轮　车	台时	41.67
编　　号		40343

17 混凝土表面环氧砂浆补强

适用范围：混凝土表面的缺陷修补、补强与加固处理。

工作内容：修补面凿毛加糙、清洗，环氧砂浆配料，混凝土表面
修补及养护。

单位：1m³

项 目	单位	数量
工 长	工时	4.3
高 级 工	工时	31.0
中 级 工	工时	26.7
初 级 工	工时	115.3
合 计	工时	177.3
环 氧 树 脂	kg	407.49
乙 二 胺	kg	44.83
二 丁 酯	kg	44.83
丙 酮	kg	187.45
水 泥	t	0.41
细 砂	m³	0.82
其他材料费	%	1
编 号		40344

18 伸缩缝

工作内容：清洗缝面、裁剪、填料。

单位：100m²

项　　　目	单位	数量
工　　　长	工时	
高　级　工	工时	
中　级　工	工时	10.0
初　级　工	工时	10.0
合　　　计	工时	20.0
填缝材料　聚乙烯泡沫板	m²	102
闭孔低发泡沫塑料板	m²	102
其他材料费	%	0.5
编　　　号		40345

19 路缘石拆除

工作内容：人工拆除、清理、堆放。

单位：100延米

项　　　目	单位	数量
工　　　长	工时	1.3
高　级　工	工时	
中　级　工	工时	
初　级　工	工时	25.2
合　　　计	工时	26.5
零星材料费	%	5
编　　　号		40346

20 路面拆除

适用范围：堤防道路。

工作内容：挖除旧路面，清理废料，场地清理、平整。

单位：1000m²

项 目	单位	面层	基层
工 长	工时	12.8	3.6
高 级 工	工时		
中 级 工	工时		
初 级 工	工时	243.2	68.4
合 计	工时	256.0	72.0
油动式空压机 3m³/min 以内	台时	24.32	
推 土 机 132kW	台时		21.12
其他机械费	%	10	
编 号		40347	40348

注：挖出的废渣如需远运，另按相应的运输定额计算。

本定额面层厚度按 5cm、基层厚度按 30cm 拟定。

21 水闸监测设施

（1）测压管

工作内容：管口保护装置：测点放线、砌砖、钢筋制作与安装、预制盖板制作与安装。

预埋测压管：测孔、密封检查、进水管加工、滤水箱制作与安装、测压管安装、回填、管顶盖安装等。

钻孔测压管：测孔、钻孔、密封检查、进水管加工、测压管安装、回填、管顶盖安装等。

项　　　目	单位	管口保护装置（个）	预埋测压管（孔）	钻孔测压管（孔）
工　　　长	工时	0.1	4.4	5.8
高　级　工	工时	0.3	8.7	11.6
中　级　工	工时	1.3	21.8	29.0
初　级　工	工时	1.8	52.4	69.6
合　　　计	工时	3.5	87.3	116.0
混　凝　土	m³	0.03		
钢　　　筋	kg	3.3		
100 目钢丝网	m²		0.52	0.52
砂	m³		0.35	
黏　　　土	t			1.8
合金钻头	个			0.2
膨　润　土	m³			0.07
水	m³			80
砖　　240×115×53	块	66		
水　泥　砂　浆	m³	0.04		
钢　　管　Φ50×3.5	kg		46.7	46.7
直套管接头　Φ60×3.5	kg		2.01	2.01

项　　　　目	单位	管口保护装置（个）	预埋测压管（孔）	钻孔测压管（孔）
管　顶　盖	套		1	1
其他材料费	%	10	5	10
灰浆搅拌机	台时	0.02		
泥浆搅拌机	台时			2.40
电　　　钻	台时		20.00	
电　焊　机　25kVA	台时	0.03	0.47	0.47
载　重　汽车　8t	台时		0.04	0.04
地　质　钻机　150型	台时			6.00
泥　浆　泵　HB80/10型	台时			6.00
其他机械费	%	15	15	15
编　　　号		40349	40350	40351

（2）渗压计

工作内容：渗压计浸泡、包砂袋、埋设、回填、测读初值。

单位：支

项　　目	单位	数量
工　　长	工时	1.8
高　级　工	工时	3.6
中　级　工	工时	18.0
初　级　工	工时	12.6
合　　计	工时	36.0
零星材料费	%	20
编　　号		40352

注：渗压计埋设不含电缆及电缆保护管，不含仪器率定费用。

（3）沉陷

工作内容：工作基点：测点放线，开挖、基底夯实，铺碎石垫层，砌砖，模板制作、安装、拆除，混凝土浇筑、养护，钢筋制作、安装，预埋件加工与埋设，金属沉陷点埋设，预制盖板制作与安装，回填土。
闸墩沉陷点：测点放线、预埋件加工与埋设、金属沉陷点埋设。
涵洞沉陷点：测孔放线、钢管加工与埋设、管口钢板封口焊接、金属沉降标点焊接。

单位：点

项　　　　　目	单位	工作基点	闸墩沉陷点	涵洞沉陷点	
				深式标点	沉陷点
工　　　　　长	工时	0.9	0.7	3.6	0.6
高　级　工	工时	1.9	1.3	7.1	1.2
中　级　工	工时	8.1	3.3	19.8	3.0
初　级　工	工时	13.5	7.9	42.8	7.1
合　　　　　计	工时	24.4	13.2	73.3	11.9
混　凝　土	m³	0.12			
锯　　材	m³	0.02			
铁　　件	kg	0.13			
预　埋　铁　件	kg	2.00			
钢　　筋	kg	2.86			
砖　　240×115×53	块	147			
水　泥　砂　浆	m³	0.07			
碎　　石	m³	0.1			
钢　　管　Φ48×3.5	kg			39.55	
直套管接头　Φ55×3.5	kg			0.92	
金属沉陷点	套	1.0	1.0	1.0	1.0
电　焊　条	kg			1.5	
其他材料费	%	10	10	15	15
电　焊　机　25kVA	台时	0.53		1.45	
风　钻　手持式	台时		0.50		0.20
载　重　汽　车　8t	台时			0.04	
其他机械费	%	20	15	15	15
混凝土搅拌	m³	0.12			
混凝土运输	m³	0.12			
编　　　　　号		40353	40354	40355	40356

（4）水平位移

工作内容：**工作基点**：测点布置，开挖、基底夯实，模板制作、安装、拆除，混凝土浇筑、养护，钢筋制作、安装，强制对中盘安装。
水平位移测点：测点布置，模板制作、安装、拆除，混凝土浇筑、养护，钢筋制作、安装，强制对中盘安装。

单位：点

项　　目	单位	工作基点	水平位移测点
工　　　长	工时	0.7	0.2
高　级　工	工时	1.8	0.4
中　级　工	工时	12.2	5.1
初　级　工	工时	6.6	1.6
合　　　计	工时	21.3	7.3
混　凝　土	m³	1.19	0.10
锯　　材	m³	0.03	0.03
铁　　件	kg	0.31	0.26
预　埋　铁　件	kg	4.66	3.88
钢　　筋	kg	11.05	4.75
其他材料费	%	15	15
振　动　器　1.1kW	台时	0.41	0.03
电　焊　机　25kVA	台时	0.11	0.05
其他机械费	%	15	15
混凝土搅拌	m³	1.19	0.1
混凝土运输	m³	1.19	0.1
编　　　　号		40357	40358

附 录

无砂混凝土配合比表 　　　　　　单位：1m³

水泥 强度等级	最大粒径 （mm）	配合比		预算量		
		水泥	石子	水泥 （kg）	碎石 （m³）	水 （m³）
42.5	20	1	5	318	1.1	0.12